Des créatures inconnues qui ne sont pas des humains et ni des extraterrestres

JAIR JEAN PIERRE

Avant propos

Pensez vous que vous êtes seul sur terre et bien vous vous trompez bêtement .

Dans ce passage biblique Dieu a dit « Mon esprit ne restera pas toujours sur l'homme.

Alors qu'est ce que cela veut dire d'après vous?

Je vais vous expliquez tout cela.

Des créatures qui ne sont pas des extraterrestres et ni des humains.

Savez vous qu'il y a d'autres créatures qui ne sont pas des humains et ni des extraterrestres?

Ma grand-mère a vu des créature étranges
Mais qui était ma grand-mère?

Ma grand mère était l'être la plus pieuse du monde et je rêve d'aller au ciel pour la voir car je sais qu'elle est dans les cieux. Ma grand-mère avait connue un seul homme dans sa vie. Elle racontait à tout le monde ce qu'elle avait vu depuis sa naissance jusqu'à sa mort.

Elle vivait dans la ville des Cayes en Haïti, mariée elle a eu 13 enfants avec mon grand père qui lui était un métis. Ma grand mère a vu des choses qui va vous paraître invraisemblable comme un compte de fée si vous ne vivez pas en Haïti. Mais pour les haïtiens c'est normal car ce n'est pas que ma grand-mère qui voit des choses étranges. Les haïtiens ont l'habitude de voir des choses paranormales.

Ce pays est très christianisé et très maléfique aussi. Des esprits malsains, et des créatures se promènent toutes les nuits et même la journée.

Haïti pays étrange île incroyable où habite des créatures inimaginables et je pense que ce pays est le berceau, la réponse de tous les tabous sur les créatures paranormales, des animaux disparues et même des êtres qui ne vous jamais monter à l'esprit.

Une sirène qui se coiffe sur un rocher dans la rivière

Ma grand mère était une adolescente de 13 ans lorsqu'elle allait tous les petits matins vers 5 heures pour aller chercher de l'eau à la rivière.

Elle vivait chez sa belle mère comme tous les enfants qui vivent à la campagne qui se lèvent très tôt pour aller chercher de l'eau à la rivière.

C'était vers les années 40 ma grand-mère est morte dans les années 90 à l'âge de 90 ans.

Sur sa tête il y avait un récipient qui s'appelle calebasse. C'est un fruit sauvage rond comme un ballon de basket et parfois 3 fois plus gros qu'un ballon de football. Ce fruit à la carcasse dur et sec et pour transformer ce fruit comme un récipient servant a recueillir de l'eau alors les gens du village font percer un trou de la largeur d'une grosse pièce de monnaie sur le fruit sauvage en retirant tous les éléments qui se trouve à l'intérieur du fruit comestible pour ceux qui le connaissent bien.

Ma grand-mère arrive au bord de la rivière en voyant une créature étrange. C'était un jolie femme avec une queue de poisson , elle était en train de se coiffer avec une peigne en s'allongeant sur un rocher au bord de la rivière.

Ma grand-mère un enfant de très 13 qui dans sa toute innocence prenait le temps de regarder cette créature étrange qui croyait qu'elle était toute seule.

Ma grand-mère s'en laçait de regarder la sirène elle plongeait son récipient dans l'eau et le calebasse a fait un bruit comme lorsqu'on plongeait une bouteille dans l'eau. Et cela a fait un bruit de bouillonnement dans l'eau. La sirène tournait la tête et lorsqu'elle a vu ma grand-mère elle se jetait dans l'eau avec une vitesse incroyable.

Ma grand-mère arrivée chez elle, elle a raconté aux gens du village et sa famille ce qu'elle à vu.

Les gens lui disait qu'elle devrait retourner au bord de la rivière pour voir si la sirène a laissée la peigne. Car si une personne trouve une peigne d'une sirène cette personne sera très riche.

La cigouave

C'est une créature humaine une femme de couleur très noire qui mesure 3 mètres de hauteur, maigre et moche. Elle vit dans les bois. Ma grand-mère me disait quand la cigouave marchait dans les bois, les arbres secouaient avec une rafale de vent et elle jacassait, aboyait comme un chien qui a pris un coup sur la tête. Cette créature ne marche qu'en courant et on raconte que cette créature démoniaque quand elle trouve une femme sur son chemin elle s'en fuit à toute vitesse mais lorsqu'elle attrape un homme elle le garde prisonnier. Elle dévore le talon de l'homme pour qu'il se trouve dans l'incapacité de marcher et de s'en fuir. Elle mange le plat du pied de l'homme et contraint l'homme de coucher avec elle. C'est ce qu'on raconte, est ce une légende?

Qui peut imaginer un truc pareil et dans quel intérêt?
La Cigouave c'est une créature étrange, l'un des anges rebelles que Dieu avait chassé dans le ciel.

Le maître minuit

 Un jour ma grand-mère devrait allé dans la troisième ville d'Haïti en laissant la ville de Saint Louis pour aller à la ville des Cayes. Comme d'habitude les paysans du petit village voyagent en prenant des ânes, mulets ou chevaux comme monture. C'est leur moyen de transport.

Ma grand-mère voyageait sur son cheval au petit matin. Arrivé dans la nuit ma grand-mère a constaté que le cheval était furieux en restant immobile. Ma grand-mère passait quelque coups de fouets dans le derrière du cheval qui était contraint de traverser une rivière. Ma grand mère avait vu la créature qui effrayait le cheval. On le nommait: « maître minuit » une créature en apparence physique d'un humain comme un ange vêtu tout de blanc, qui à la hauteur deux fois plus grand qu'un palmier.

Ma grand-mère racontait que cette créature était incroyablement grand et si émouvant qu'elle a du passer sous les jambes de cet homme vêtu en blanc qui disparaît dans la nuit sombre.

Un femme qui n'a jamais peur de rien

Ma grand-mère était une femme qui n'a pas peur de rien. Une femme chrétienne de la religion adventiste. Dans ma vie je n'ai jamais vu une femme comme elle. Sa foi est si grande et qu'aucun obstacle ne peut ébranler ma grand-mère. Je me rappelle un matin je me suis trompé d'heure je comptais sortir avec elle, ma grand-mère marchait à pas de tortue, à 90 ans vous pouvez imaginer comment elle était. J'étais avec elle dans la rue on allait attendre une camionnette quand tout à coup j'ai entendu un bruit anormal qui me fait extrêmement peur. Je voulais me sauver à toute vitesse mais comme il y avait ma grand-mère que je ne pouvais pas laisser, j'ai rapidement la transporter sur mon dos en faisant demi tour.

J'avais très peur et ma grand-mère était sans crainte comme si elle n'avait rien entendu. Elle n'était ni sourde ni muette. Elle a toujours été comme ça. Une personne qui n'a peur de rien.

Pourquoi ma grand-mère voit ses choses?

On dit que seul les gens qui ont le don peuvent voir ses choses paranormales.

Ma grand-mère était une sainte une femme quasiment sans pêché, une servante de Dieu. Depuis que je suis né je n'ai jamais vu une personne comme ma grand-mère. C'était une dame respectueuse, serviable, honnête et je n'ai jamais vu une personne qui cuisine mieux qu'elle à part ma mère qui s'approche à la qualité de sa cuisine. Une grand-mère mystérieuse que j'adore, paix à son âme. Ma grand-mère avait l'habitude de prier pour des personnes gravement malade, pour des gens qu'on cru déjà mort et grâce à la prière de ma grand-mère ses malades retrouvent la santé et la guérison. C'était une femme sensible pleine de bonté, de pudeur et de sagesse.

La rivière tueuse

En Haïti dans le département du sud il y a une ville qui s'appelle Cavaillon il y a une rivière qui s'appelle la rivière de Cavaillon. Cette rivière à la réputation de tuer surtout les étrangers ceux qui ne sont pas de la ville ou des gens qui viennent ailleurs particulièrement ses victimes qui viennent de port-au prince. Il suffit qu'un homme fasse une seule plongée et il se retrouve raid mort. On ne peut pas compter combien de personne qui sont morts dans cette grande rivière. Aujourd'hui cette rivière existe toujours mais la sécheresse a du sécher un peu cette marré d'eau où habite des créatures extraordinaires.

Un homme avec des arbres sur le dos

Mon oncle un autre fils à ma grand-mère, on peut dire telle mère tel fils car mon oncle Monè Badette n'avait pas peur de marcher dans la nuit mais ce n'était pas un enfant de cœur c'était un bagarreur. Il racontait un jour il a vu un petit bonhomme à la hauteur de 3 pommes sortait dans la rivière de Cavaillon. L'homme était effrayant car il avait des arbres qui poussaient sur son dos.

Un chien qui marche comme une mannequin

Souvent les mauvais esprits, les démons, sorciers ou loup-garou aiment se transformer en chat, chien, et autres animaux.

J'ai un autre oncle qui s'appelle Eli l'un des 13 enfants de ma grand-mère. Un soir il marchait dans la ville de Valbrune dans le sud des cayes en Haïti.

Mon oncle a vu un chien qui marchait comme une femme mannequin en balançant ses hanches.

Mon oncle était étonné et même énervé en sachant que cet animal n'était qu'un démon. Les gens de ma famille n'aiment pas les démons ils les défis en s'appuyant sur leur foi chrétienne. Mais mon oncle n'était pas un bon chrétien pratiquant. Il est né dans une religion chrétienne certes mais il n'était pas un bon serviteur de Dieu .

En regardant ce chien qui l'agaçait mon oncle prenait une pierre pour la lancer vers le chien quand subitement il se sentait léger et qu'il n'avait pas ses pieds sur terre il sentait tout à coup qu'il montait de 2 mètres vers le haut. Et après son corps se lâchait et il tombait face contre terre. Le Dieu tout puissant de ma grand-mère veille toujours sur ses enfants. Je pense que c'est grâce à Dieu que mon oncle est sorti vivant.

Un homme qui s'est transformé en bourrique

Un homme qui avait une femme sorcière, cette dame avait une grande plantation de maïs et d'arbres fruitiers.

Le mari de cette dame trouvait étrangement quand chaque matin il trouvait des marques de coups de fouets sur son corps et qu'il était terriblement fatigué a mourir.

Et comme tous les haïtiens qui ne sont pas croyants il allait voir un sorcier pour savoir d'où provenant ce phénomène étrange.

Le sorcier lui fait comprendre qu'il était transformer en bourrique pour travailler dans la plantation de sa femme.

La femme sorcière transforme son mari pour le faire travailler dans son champs de maïs tous les soirs.Cet homme travaillait comme une bête, esclave de sa femme maudite.

La cérémonie des démons

une jour ma grand-mère passait au même endroit où elle avait vu la sirène. Il y avait beaucoup de gens du quartier qui faisaient une cérémonie démoniaque au bord de cette rivière où ma grand-mère avait vu la sirène.Il faisait nuit les gens pratiquaient le vaudou, les femmes s'habillaient en blanc et les hommes en rouge. Il y avait des sons de tambours incessants, les gens dansaient, chantaient en invoquant leurs dieux. Un jeune homme de 30 ans dansait, gigotait par terre car il était animé par les esprits satanique. L'homme s'était jeté dans la rivière et personne ne le voyait après. Les gens chantaient deux fois plus pour faire remonter l'homme à la surface. Après une heure les gens ne voient aucun signe du jeune homme. Le gens continuaient a battre les tambours et chanter encore plus fort quand soudain l'homme refait surface, son corps couronné avec des mouchoirs de toutes les couleurs, rouge, noir, bleu, blanc sur ses bras et sur sa tête une couronne. Cela veut dire que maintenant cet homme devient le roi des sorciers dans son groupe et il détient les pouvoirs diaboliques.

Il peut guérir et tuer des gens avec la sorcellerie.

Mais où cet homme était-il allé sous l'eau?

D'autres créatures vivent sous l'eau?

Une sirène qui retient un bateau

Mon arrière grand-père faisait un voyage à cuba en provenant d'Haïti.

Il était au fond de l'océan quand soudain les gens qui étaient sur le bateau ont vu que le bateau ne bougeait pas. Le capitaine et d'autre équipage sortaient en regardant vers la mer pour voir ce qui se passait. Mon arrière grand-père Thermozius qui était blanc ou mulâtre a vu une sirène qui retenait le bateau avec ses mains.

Une jolie femme dans la mer qui empêchait le bateau de se bouger. Elle lui dit: «Thermozius tu dois faire une commission pour moi, à ton retour achètes moi une peigne et une brosse ».

Thermozius a répondu:

 « Oui je ferai votre commission »

Cette femme c'était une jolie sirène avec sa queue de poisson qui agitait sans l'eau et elle avait le pouvoir de stopper un bateau avec ses mains.

Elle dit à mon arrière grand-père: Thermozius je te donne cette pierre, aucun des membres de ta famille ne pourrait mourir en mer car avec cette pierre ta famille sera protégée dans les eaux profondes.

J'imagine que cette pierre doit être un diamant. Mais à l'époque des années 50 un paysan haïtien ne pouvait pas connaître la valeur d'une pierre.

Les anges rebelles

Lucifer ange de lumière autrefois il voulait monter son trône plus haut que le créateur de l'univers. Lui avec d'autres anges se sont rebellés contre le grand Dieu, alors Dieu chassa Lucifer qui est le Satan connu sur le nom du serpent ancien.

Lucifer est expédié sur terre avec des anges rebelles et d'autres qui étaient neutres.

Quand Dieu dit: Si tu n'es ni froid, ni bouillant je te vomirai de ma bouche»

Ce qui veut dire d'autre anges qui n'étaient pas méchants mais neutres étaient aussi chassés dans le ciel avec Satan et se retrouvent cohabiter avec des humains ou des enfants de Dieu sur la terre en l'occurrence nous qui vit ici bas. Les anges rebelles tuent en se servant des commanditaires sorciers, des hommes qui pratiquent la magie, le vaudou la maçonnerie. Ses gens ont des contacts direct avec le diable Satan et ses anges. Ses mauvais anges demandent toujours des sacrifices humains à leurs adeptes sorciers. Mais il y a des anges neutres qui sont inoffensifs et qui guérissent des malades.

Puisse que tous ses anges gardaient leurs pouvoirs lorsqu'il étaient chassés dans le ciel et ne pouvant pas cohabiter avec les hommes de par leur morphologie et leur force surnaturelle. Ces anges rebelles étaient tous contraintes de vivre sous la mer et dans les forets en se camouflant, d'autres restent visible pour des hommes qui croient en Dieu et qui a un don de voir des esprits.

Et certains sont invisibles, personnes ne peuvent pas les voir sauf des hommes de Dieu.

Pour que ses anges vivent sous l'eau ils étaient obligés de de se transformer en sirène pour s'adapter à la vie en mer.
Au retour de Dieu tout ses anges seront jugés condamnés et jeter dans le feu ardent de l'éternel.
Avez vous déjà vu des esprits pendant votre sommeil?
Cela m'arrive souvent quand je ne prie pas bien le soir.
Je vais vous raconter mes histoires.

Je me suis battu avec Satan Lucifer lui même

Un soir j'ai rêvé que j'étais en train de me battre avec un homme, je ne me souviens pas de son visage mais il avait l'air d'une créature céleste.

C'était un combat corps à corps féroce et je prenais des coups à grande vitesse c'est comme si il me massacrait la gueule avec des coups de poings.

Et moi ayant toujours le tempérament de vainqueur et qui n'accepte aucune défaite face à l'adversaire, j'ai toujours recouru à ce mot quand je me sens en danger danger de mort. Ce mot est: « Jésus »

J'ai cité ce mot 3 fois, habituellement quand j'invoque le nom de Jésus je gagne toujours. Mais je voyais que cela n'avait pas marché et je continuais a prendre des coups de plus en plus sauvage de cet homme qui m'a donné son nom.

Il m'a dit: «Je suis Satan Lucifer en personne ».

Alors j'ai dit: mon Dieu tu sais que j'ai foi en toi, et dans ma tête j'ai pensé peut être à un péché que j'avais fait au cours de la semaine et que c'était la raison pour laquelle Dieu ignorait ma requête. Je continuais a parler à Dieu en lui disant: Seigneur si je perd la bataille c'est toi qui est le perdant de ce combat car j'ai foi en toi je dois vaincre Satan. Et après ses mots je me suis battu avec Satan et j'ai gagné la bataille.

Oui j'ai vaincu Satan avec l'aide de Dieu.

Je n'ai pas peur de Satan le diable mais il y a une nation sur terre qui me fait peur.

Cette nation est rusée, je les appelle les démons fantômes, hypocrite, ce peuple ne t'oublie jamais et ils feront tout pour t'exterminer par la ruse, et le complot. Chez nous on dit que le complot est plus fort que la sorcellerie.

Cette nation ce sont les ennemis de Dessalines alors mes compatriotes haïtien soyez prudent.

Avez-vous déjà senti un poids lourd sur vous lorsque vous dormiez?

Souvent je sens quelque chose qui me pèse dans mon sommeil. Et je dois dire « Jésus, Jésus, Jésus » pour me libérer de ce poids lourd qui me pèse dans mon sommeil. Est ce les esprits du diable, des anges rebelles ou anges neutres qui s'amusent a faire peur les humains? Dieu seul le sait.

Un soir je me sentais dans cet état et j'entendais des voix qui paraissait dernière ma porte mais ces voix sont très loin. C'était un groupe du régiment du diable qu'on appelle en créole « convré » qui signifie les convoyeurs du démon. Ces gens tuent des gens par la magie et le soir ils réveillent la personne dans son cercueil en le transformant en zombi. Cette personne sera fouetté au cour de l'enlèvement jusqu'à sa déportation dans les plantations pour travailler comme esclave.

J'ai entendu les voix de ses gens qui chantaient dansaient au son du tambours. Et je ne pouvais pas bouger de mon lit et parmi ces voix j'ai pu distinguer une voix qui est celle d'un voisin sorcier qui habitait à quelque 100 mètres de chez moi.

Je me battait pour me lever de mon lit et sortir de ce cauchemar. J'ai entendu un cris aigu dans ma chambre et après avoir invoquer le nom de Jésus 3 fois en fin je suis libéré, il faisait noir il y avait le black out j'ai appelé mon frère dans l'autre chambre et lui aussi avait senti le phénomène et m'appelle à son tour par peur.

Ma mère qui dormait chez une amie a elle avait fait un rêve et dans son rêve quelqu'un lui a dit quelque chose d'anormal était en train de se passer chez toi et que les enfants étaient en danger.

Comment pouvez-vous expliquer cette scène?

Sommes nous seul sur cette terre?

Une femme blanche transformer en Zombie
Conte ou histoire vraie?

On raconte qu'une jeune femme blanche riche, très très jolie qui habitait dans un quartier bourgeois était transformé en zombie. Et c'est souvent qu'on raconte des histoires de ce gens. Avec la zombification, le vaudou tout est possible. Vous serez la proie des sorciers sauf si vous êtes un croyant fidèle a Dieu.

Cette femme avait 3 domestiques deux femmes et un homme qui était laid avec ses dents pourries. Un homme sale qui sent mauvais vêtu de vêtement déchiré car ce qu'on leur donne comme salaire ne pouvait pas subvenir à leur besoin primaire. Ce fut le cas des domestiques en Haïti. Sois tu es très riche ou sois tu es très pauvre et cela ne veut pas dire que les haïtiens sont les plus malheureux au monde car un haïtien qui se trouve dans cette situation a plus de chance de devenir riche un jour qu'un clochard en France qui est condamné a mourir dans la rue. Alors tous ceux qui disent que les haïtiens sont pauvres je vous dis: « Fermez vos gueules » un haïtien dans la classe moyenne peut être plus riche qu'un chef d'état ou un ministre dans l'un de ses grands pays , puissance mondiale. Car je connais des haïtiens qui possèdent des biens en toute liberté sans contrôle de l'état. Bref retournons à nos moutons. Ce pauvre domestique était amoureux de la jolie patronne blanche et riche.

Un jour elle lui dit: Tu penses une femme comme moi va coucher avec toi, tu es un négro pauvre, illettré, tu sens mauvais, tu pues de la gueule,tu es laid et tu es mon domestique. Et tu rêves de coucher avec une femme

comme moi, belle, blanche et riche.
Le jour tu me diras que tu m'aimes je vais te gifler et couper ta langue, petit arrogant.

L'homme, le pauvre haïtien dit à sa patronne: « tu iras vivre avec moi dans mon petit village dans ma petite maisonnette en paille et tu partageras ma misère »
L'homme était un malfaiteur en créole malfektè
ce qui veut dire un sorcier. Quelque semaines plus tard l'homme quitte le travail de domestique et se rendre dans son village pour un cérémonie de vaudou.
La patronne est tombé malade 3 jours après elle est morte d'une maladie maléfique. Le domestique sorcier est allé à la tombe de sa patronne avec sa troupe de loup-garou. La jeune femme sera giflée par la bande et fouetter à sang par un bourreau du convoi satanique.
La femme est transformé en zombie, elle vit avec son domestique qui la baisait jour et nuit. Dans la pauvreté, la saleté, la crasse cette femme vit quotidienne avec le sorcier et tandis que sa famille pense qu'elle est morte. Défigurée, visage abattu ne pouvant ni parler le sorcier la nourri avec des nourritures sans sel pour qu'elle reste zombifier pour la vie.

Haïti un pays vierge, maison des esprits sataniques et l'endroit où l'on peut trouver des espèces extraordinaires, des créatures célestes, des animaux envoyer de disparition.
Créatures humaines ou inhumaines Haïti est la cité des créatures qui ne vous jamais monter à l'esprit.

Petits animaux qui se ressemblent aux dinosaures

Un jour dans la cour de la maison de ma mère j'ai vu une petite créature étrange qui ressemble à un dinosaure comme 2 goûtes d'eau sauf que cet animal était petit comme une souris. Pendant plus de 20 ans je le l'ai jamais raconté à personne en pensant que c'était un petit animal parmi les milliers que Dieu à crée. L'année dernière je l'ai dit à ma mère. Cette dernière m'a dit que mon frère avait dit qu'il avait vu un animal pareil au même endroit sauf que cet animal avait 2 têtes. Haïti est un pays mystérieuse.

Les extraterrestres existent-il?
Oui les extraterrestres existent si nous basons sur les écritures saintes.
Dieu a dit mon esprit ne restera pas toujours sur l'homme ce qui veut dire d'autres créatures existent dans l'univers. Moi personnellement je pense que le royaume de Dieu se trouve sur une planète cachée dans l'espace, ou peut être sur la planète soleil car Dieu est très malin il ne donne pas accès à son demeure. Puisque l'homme ne peut pas aller sur le soleil alors le royaume de Dieu pourrait être la-bas ou sur une planète inconnu et invisible pour l'homme. Dieu est mystère alors tout ce qu'il a conçu est mystérieux. Quand Dieu dit: « faisons l'homme à notre image » ce qui veut dire il y a d'autres créatures qui ont été crée non pas à l'image de Dieu mais à l'image même des espèces extraterrestres.

Dieu a crée des espèces qui ont des points en commun comme le singe, les extraterrestres et l'homme sont des espèces différentes, l'homme ne vient pas du singe et tous ceux qui parlent de la métamorphose de l'homme sont tous des idiots. Ces scientifiques sont le plus souvent des non croyants alors il ne peuvent pas discerner ses genres de choses.